AF366354

ESENCIA CÓSMICA

ARIES

Leo Kabal

Editorial ⊙ Creación

Si este libro le ha gustado y desea más información sobre nuestras publicaciones, puede consultar nuestra web: www.editorialcreacion.com, donde encontrará amplia información actualizada y podrá descargarse nuestro catálogo, el índice y un extracto de todos nuestros títulos.

Temática: Astrología, Horóscopo, Angelología
Colección: Esencia Cósmica

© Leo Kabal
© Editorial Creación
   Jaime Marquet, 9
   28200 - San Lorenzo de El Escorial
   (Madrid)
   Tel.: 91 890 47 33
   http://www.editorialcreacion.com
   http://editorialcreacion.blogspot.com/

Diseño de portada: Mejiel

Primera edición: junio de 2013
ISBN: 978-84-15676-26-3
Depósito Legal: M-14517-2013

Impreso en España por Cimapress

«Cualquier forma de reproducción, distribución, comunicación pública o transformación de esta obra sólo puede ser realizada con la autorización de sus titulares, salvo excepción prevista por la ley. Diríjase a CEDRO (Centro Español de Derechos Reprográficos, www.cedro.org), si necesita fotocopiar o escanear algún fragmento de esta obra».

CONTENIDO

INTRODUCCIÓN

Saber hoy a ciencia cierta cuándo empezó la Humanidad a interesarse por los astros y cuáles fueron las bases de lo que se conoce como Astrología, es una tarea difícil, por no decir imposible.

No obstante, cuando miramos hacia atrás en el tiempo intentando buscar un origen, encontramos que la mayoría de los pueblos de la antigüedad tenían muy en cuenta las posiciones planetarias a la hora de tomar decisiones importantes. Todo el mundo creía en ella y los reyes tenían a sus propios astrólogos, a los que consultaban para tomar las decisiones relevantes.

Aunque la ciencia astrológica se remonta más atrás en el tiempo, los doce signos astrológicos, tal como los conocemos hoy, aparecieron en Babilonia, en el siglo V a. C. Este sistema consiste en la división del cielo en doce partes iguales de 30 grados cada uno.

Pero signos y constelaciones no son lo mismo, aunque muchos hayan querido confundir los términos para desacreditar a los astrólogos y la Astrología. Expliquemos la diferencia.

La Eclíptica es el círculo imaginario que atraviesa el Sol en su recorrido anual aparente alrededor de la Tierra, aunque en realidad se trata de una proyección en los cielos de la linea imaginaria que dibuja la Tierra en su movimiento de traslación (recorrido anual alrededor del Sol).

A un lado y otro de la Eclíptica hay una franja celeste denominada Zodiaco, dentro de la cual permanecen el Sol, la Luna y los planetas. En esta franja hay doce constelaciones cuyos nombres son los mismos que el de los doce signos. Pero a diferencia de los signos, las constelaciones tienen una longitud desigual, es decir, no miden 30 grados cada una, sino que unas miden más y otras, menos.

Hay algunos astrólogos que afirman que primero fueron los signos y después vinieron las constelaciones. Es decir, los signos fueron dados a la humanidad primitiva por inspiración. Después, el hombre buscó algo semejante en los cielos y encontró las constelaciones.

Sea como fuere, lo importante es que los signos astrológicos y las constelaciones de estrellas no son lo mismo. Los signos son sectores del Zodiaco de 30 grados cada uno y las constelaciones tienen una longitud diferente. Además, debido a la precesión de los equinoccios, tampoco coinciden en el comienzo de la primavera, cuando el Sol cruza el ecuador celeste, sino que, en ese punto, el Sol cruza el grado cero de Aries en lo referente a los signos, mientras que en lo referente a las constelaciones, varía. Ese es el motivo de que cuando el Sol se encuentra en el signo de Aries, actualmente lo hace en la constelación de Piscis. Es también la base para afirmar que la Humanidad está actualmente en la Era de Piscis y camina hacia la Era de Acuario.

Pero en lo referente a los signos, esto no debe preocuparnos, ya que siguen siendo los mismos, y las fechas en las que rigen cada uno de ellos permanecen invariables.

Según algunos astrólogos modernos, la Astrología no es solo un sistema de predicción, sino que comprende la esencia cósmica de la cual todos nos nutrimos tanto material como espiritualmente. De hecho, los nombres de los doce signos corresponden a doce entidades espirituales que se ocupan de hacernos llegar la energía con la que construimos y desarrollamos nuestra existencia.

En el principio de los tiempos, al iniciar la creación de nuestro Sistema Solar, Dios trazó un espacio, de donde tomó la esencia para que su obra creciera y se multiplicara. Este espacio es conocido con el nombre de Zodiaco. De este Zodiaco procede la esencia que ha dado forma a todo lo que existe hoy en nuestro Sistema Solar, incluidos nosotros.

De lo que antecede podemos deducir que el Zodiaco es mucho más importante de lo podría parecer a primera vista, pues sin él no existiría nada en nuestro universo solar.

Vemos así que el Zodiaco marca la evolución de la Humanidad a través de los signos conocidos como Aries, Tauro, Géminis, Cáncer, Leo, Virgo, Libra, Escorpio, Sagitario, Capricornio, Acuario y Piscis. Cada individuo debe renacer constantemente en los distintos signos para evolucionar mediante las vivencias que cada uno le aporta.

Así, en el sentido cósmico, cuando nacemos en Aries, traemos al mundo un nuevo designio divino, un proyecto original, que iremos desarrollando a través de las distintas etapas, es decir, en las distintas encarnaciones por las que hemos de pasar. La rueda astrológica se convierte así en la rueda de los renacimientos a través de los cuales evolucionamos desde la inconsciencia hacia la omnisciencia. La meta es convertirnos algún día en dioses creadores. El orden evolutivo sigue un orden distinto del de la rueda astrológica, que como sabemos es Aries, Tauro, Leo, etc., hasta Piscis.

En el orden cósmico primero es el Fuego: Aries, Leo y Sagitario. Segundo, el Agua: Cáncer, Escorpio y Piscis. Tercero, el Aire: Libra, Acuario y Géminis. Y por último, la Tierra: Capricornio, Tauro y Virgo.

Este sería el orden lógico en la evolución. O sea, primero encarnaríamos en los signos de Fuego, luego en los de Agua, etc. Y, al llegar al último signo de Tierra: Virgo habríamos culminado nuestra evolución y adquirido todas las experiencias necesarias para llegar a ser dioses creadores. Pero este orden fue roto porque los hombres no fuimos capaces de asimilar las energías divinas tal como se nos iban proporcionando. De esta forma, unas veces fuimos hacia adelante y otras hacia atrás, unas veces avanzando y otras quedándonos rezagados.

Por este motivo, tenemos que culminar varios ciclos desde Aries a Virgo antes de alcanzar la perfección, pero ahora ya no seguimos el orden primordial: Fuego, Agua, Aire y Tierra, sino que, debido al estancamiento en algunas etapas, tenemos que volver a ellas de nuevo. Por eso, en una encarnación podemos nacer en Aries, mientras que en la siguiente lo hacemos en Tauro o Libra, dependiendo de los trabajos pendientes de realizar que hayamos dejado en el camino.

El signo del horóscopo bajo el cual hemos nacido marca únicamente el lugar del sol en nuestra carta natal. Para un estudio más profundo, cada lector debe recurrir a la interpretación de su carta astral completa, porque ella le descubrirá muchos más aspectos de su personalidad y su trabajo en la vida presente que el estudio simple del signo bajo el cual ha nacido. Aunque sin duda el sol en un horóscopo marca el lugar donde se instala nuestro Yo en la presente encarnación para poder llevar a cabo su programa de vida marcado por las demás tendencias de nuestra carta de nacimiento. Por ese motivo, cualquier estudio sobre él es de la máxima importancia. Más adelante, si el lector lo desea, podrá estudiar su carta con profundidad y desarrollar su potencial en todos los aspectos. Mientras tanto, le ofrecemos este pequeño estudio para que pueda conocerse un poco más y aprenda a conducirse de acuerdo con la energía de los astros para hacer su vida un poco más llevadera.

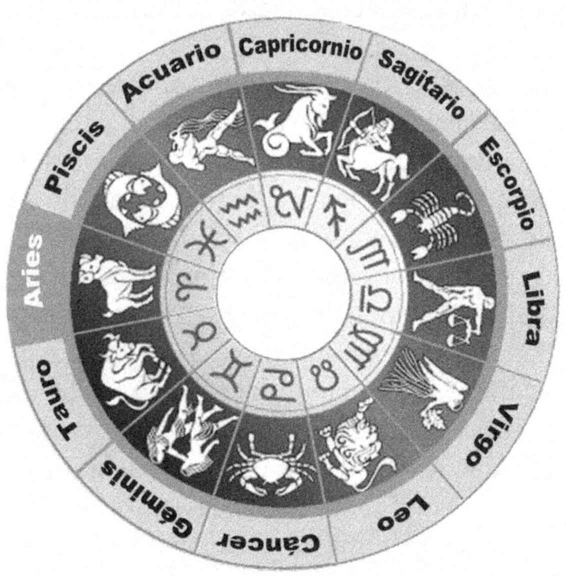

Capricornio
Acuario
Sagitario
Piscis
Escorpio
Aries
Libra
Tauro
Virgo
Géminis
Leo
Cáncer

♈

ARIES

21 de marzo al 20 de abril

Conexión con la fuente de energía divina

Elemento: Fuego

Símbolo: ♈

Color: Rojo

Planeta regente: Marte

Gemas: Rubí, diamante, amatista

Metal: Hierro, imán

Día de la semana: Martes

Números de la suerte: 9 y 1

Imagen medieval de Aries.
(Libro de Horas del siglo XIV).

Imagen medieval de Marte, planeta regente de Aries y Escorpio. (Manuscrito *De Sphaera,* siglo XV).

SÍMBOLOS DE ARIES Y MARTE

♈ ♂

El símbolo de Aries son los cuernos del morueco o carnero padre: ♈, que se relaciona con la penetración de fuerzas de la primavera que irrumpe después de la estación invernal.

Marte, cuyo símbolo (♂) al principio era una cruz sobre un círculo (♂), aunque ha variado con el tiempo, El círculo representa al espíritu; y la cruz, a la materia. Este símbolo indica que la materia domina sobre el espíritu. Por lo cual, el nativo de Aries en su base trabaja moldeando la materia y sus intereses se dirigen más hacia el mundo físico para ganar experiencia, sacrificando al espiritual.

Marte es el planeta de la guerra y esto nos muestra que el individuo utiliza todas las energías procedentes del Universo (símbolo del morueco) para conquistar el mundo material y dominarlo (símbolo de Marte).

Pero ya sabemos que ningún signo es solamente ese signo sin más, sino que otros elementos confluyen en su horóscopo de nacimiento. Por lo que, aunque Aries en su esencia original represente todo lo que acabamos de enunciar, también tiene otros intereses representados por la interrelación de los distintos planetas y ascendente de su horóscopo de nacimiento.

ALEGORÍA DE ARIES

... Y era de mañana cuando Dios se puso ante sus doce hijos e implantó en cada uno la semilla de la vida humana, Cada hijo, uno a uno, dio un paso adelante para recibir el don que se le había destinado.

—Tú, ARIES, eres el primero en recibir la semilla para que recaiga en ti el honor de poder plantarla. Que cada semilla que plantes se convierta en un millón en tus manos. No tendrás tiempo de ver cómo crece la semilla, porque todo lo que plantes crecerá nuevamente, y también deberá ser plantado. Serás el primero en penetrar la tierra de la mente humana con Mi Idea. Pero no te incumbe el nutrir la Idea ni tampoco el cuestionarla. Tu vida es la acción y la única acción que te impongo es la de que el hombre empiece a ser consciente de Mi Creación. Para que trabajes eficazmente, te doy la virtud de la AUTOESTIMA.

Y Aries volvió lentamente a su sitio.

Entonces Dios dijo:

—Cada uno de vosotros tiene una parte de Mi Idea. No confundáis esta parte con la totalidad de Mi Idea, ni intentéis cambiaros las partes entre vosotros. Porque cada uno de vosotros es perfecto, pero eso no lo sabréis hasta que los doce seáis uno. En este momento, Mi Idea, en su totalidad, será revelada a cada uno de vosotros».

Y los hijos se fueron, decidiendo cada cual hacer su trabajo lo mejor posible, para poder recibir su don. Pero ninguno comprendió totalmente su tarea ni su don, y cuando volvieron confusos, Dios les dijo:

—Cada cual cree que los otros dones son mejores. Así, pues, os permitiré intercambiarlos.

Y, de momento, cada hijo se entusiasmó considerando todas las posibilidades de su nueva misión. Pero Dios se sonrió diciendo:

—Volveréis a mí muchas veces, pidiendo que os releve de vuestra misión, y cada vez os concederé vuestro deseo. Pasaréis por incontables encarnaciones antes de que cumpláis la misión original que os he prescrito. Os concedo un tiempo ilimitado para llevarlo a cabo, y sólo cuando lo hayáis conseguido podréis estar conmigo».

PERSONALIDAD

Aries es el primero de los signos de Fuego y, como tal, la fuente primordial del designio divino. En Aries tienen lugar todos los comienzos. Por tanto, será el iniciador de cualquier disciplina, el líder nato, el que está en el comienzo de cualquier empresa, grupo social, etc.

Tiene una enorme fuerza de voluntad y no se detiene ante nada. Es el que va a la cabeza de cualquier grupo, el abanderado al cual todo el mundo sigue de forma natural, pues tiene un proyecto espiritual que plantar en el mundo y, por eso, su tendencia natural es abrir puertas, iniciar caminos...

La película *Forest Gum* lo ilustra muy bien cuando el personaje principal se pone a correr por el mundo y provoca que un montón de gente siga tras él, a veces sin saber muy bien por qué, aunque intuyen que, cuando él lo hace, debe ser por algo importante. Y, en efecto, así es, aunque a veces ni ellos mismos lo sepan, pues, como se puede apreciar en la película, todos sus seguidores, durante el viaje tras él, descubren cosas de sí mismos, de su propia vida, aunque Forest Gum ni siquiera les ha dicho nada.

Aries está conectado a la divinidad de una forma directa y recibe intuiciones. Se dirige hacia un lugar concreto, aunque puede que él mismo no llegue a verlo nunca, pues no es su cometido terminar las cosas, sino solamente ser el iniciador. Ya vendrán otros que llevarán la obra que él comenzó a su feliz término.

Al tener como regente a Marte, Aries rebosa energía y vitalidad. Tiene mucha confianza en él mismo y ama la aventura y el riesgo.

Ya desde muy pequeños, los nativos de este signo destacan por su capacidad para el liderazgo y su energía vital. Son entusiastas, alegres y siempre están haciendo cosas, tantas, que a veces agotan a los que están a su alrededor, pues ven imposible poder seguirles el ritmo.

La razón principal por la que se comportan de este modo es porque son los niños de la Creación, es decir, todo nativo de Aries trae un nuevo proyecto cósmico al mundo en forma de semilla. Digamos que los Aries plantan la semilla de un proyecto que verá su culminación al llegar a Virgo, pasando, como dijimos en la Introducción de este librito, por los signos de Fuego, Agua, Aire y Tierra. Si Aries siguiera el proceso sin interrupción y caminase sin alteración cumpliendo con sus compromisos y realizando la tarea de su Yo Espiritual, llegaría a Virgo y vería cumplida su misión. Pero todos sabemos que ningún ser humano actúa de este modo, sino que, la mayoría de las veces rehuimos los compromisos y nos dedicamos a hacer aquello que no debemos, retrasando así nuestra evolución y teniendo que repetir curso para aprender o realizar lo que no quisimos anteriormente. Esta es la tónica normal. Por eso, hemos de nacer más de una vez bajo el mismo signo astrológico para poder aprender todo lo que ese signo nos quiere transmitir.

CUALIDADES A DESARROLLAR

Ambición.
Coraje.
Confianza en sí mismo.
Voluntad.
Energía en los comienzos.
Entusiasta.
Valiente.
Independiente.
Dinámico.

DEFECTOS A SUPERAR

Impulsividad.
Impaciencia.
Egoísmo.
Agresividad.
Mal carácter.
Imprudencia.
Dominante.
Arrogancia.
Brusquedad.
Intolerancia.

AMOR Y COMPATIBILIDAD

Les gusta tomar la iniciativa, tanto a los hombres como a las mujeres. Son muy apasionados y, como consecuencia, algunas aventuras amorosas no pasan de la emoción de los primeros días. Sin embargo, cuando Aries se enamora de verdad, la relación suele ser para siempre.

La pasión de Marte, su planeta regente, le lleva, a veces alocadamente, hacia la persona amada hasta que esta cede y se deja caer en sus brazos. Es un conquistador nato que no se detiene ante ningún obstáculo con tal de conseguir lo que desea. Cuando encuentra resistencia se siente infeliz y, a veces, puede tornarse brusco y poco delicado con la persona amada, cosa que la alejará más todavía de su lado. Hecho que no podrá entender, ya que se siente tan seguro de sí mismo, que no comprende que alguien pueda rechazarle.

La llama de amor de Aries puede ser muy fogosa, pero también puede apagarse con la misma celeridad con que se encendió y de ella quedar solo las cenizas. Le gusta vivir el momento presente, el aquí y ahora, sin pensar en las consecuencias de una relación estable o duradera. Debido a ello, los que se acercan a él o ella, muchas veces también buscan una relación pasajera.

Su repentino entusiasmo y fogosidad, puede llevarle, a veces, a dejar un amor para correr en pos de otro.

Los Aries (hombre y mujer) buscan una pareja fuerte y resistente, que sea activa y tome iniciativas. Se aburren soberanamente con aquellas personas pasivas que esperan que la pareja resuelva todos los problemas que se plantean en la relación. Aman el cambio, la acción y la aventura, en definitiva, el movimiento durante la vida en común. Muchas veces, puede vérseles practicando algún deporte con la persona amada.

Al tener un carácter completamente independiente, no les gusta que los controlen ni los ataques de celos. Cuando la persona amada le pide que rinda cuentas de sus actos y quiere acapararlo y tenerlo bajo su control, se horrorizan y llegan incluso a romper la relación si se persiste en esa actitud.

Al ser un signo de movimiento y acción, odian la rutina en el matrimonio y hacen lo posible para que la relación no se estanque. Así que, una unión con una persona Aries será todo lo que sea menos aburrida, pues se esforzarán por no hacer siempre lo mismo y que cada día sea diferente. Esta es una de las cosas a tener en cuenta por todas aquellas personas que quieran formar pareja con un Aries. Deben estar dispuestas a vivir la relación como una aventura en la que ocurren cosas distintas constantemente.

ARIES - ARIES

Puede haber una atracción fuerte al principio, pero si no persisten otros ideales y valores con los cuales se sientan ambos identificados, pronto se desvanecerá.

Los dos son muy fogosos y actúan un poco a lo loco, improvisando todo sobre la marcha sin pensar demasiado en las consecuencias, por lo que si otros aspectos de la carta no ponen un poco de freno, la relación carecerá de responsabilidad y pronto empezarán los problemas familiares: la economía del hogar se resentirá y no se llegará a fin de mes con holgura.

Como los dos son líderes natos, ambos querrán tomar la iniciativa y pelearán por conseguirla, lo que puede ser también causa de conflictos de pareja.

Para que una relación Aries-Aries sea duradera, ambos deben llegar a un acuerdo y ceder protagonismo en favor del otro. Cada persona trae unos talentos a desarrollar. Esta pareja debería descubrir cuál es el de cada uno y no inmiscuirse en el del otro.

ARIES - TAURO

En principio, Aries (signo de Fuego) con Tauro (signo de Tierra) no son compatibles. Pero si son personas evolucionadas y con altos ideales puede resultar una buena combinación, ya que a la impulsividad y falta de previsión de Aries se opone la ponderación y la moderación y previsión de Tauro.

Podríamos así decir que lo que a un signo le falta lo tiene el otro. Por ejemplo: a la lentitud de Tauro, puede servirle de aguijón el exceso de movimiento y actividad de Aries.

También pueden llevarse muy bien y complementarse en ciertas tareas, ya que Tauro es un artista nato y Aries es pionero, innovador, por lo que entre los dos podrían realizar obras de arte innovadoras.

Pero si Aries no acepta la tranquilidad y moderación de Tauro y a Tauro le pone nervioso el exceso de actividad de Aries, entonces la relación terminará en fracaso.

Para llevarse bien, ambos deben entenderse perfectamente: Aries debe aprender de la paciencia, tranquilidad y previsión de Tauro, y Tauro del dinamismo y afán de aventura de Aries.

ARIES - GÉMINIS

En principio, es una buena combinación, el Fuego y el Aire se complementan armoniosamente. Aries hallará en Géminis al compañero/a ideal con el que nunca se aburrirá, pues nunca le faltará tema de conversación; y Géminis encontrará en Aries un aliciente mental. Ninguno de los dos signos es aburrido, por lo que siempre encontrarán algo con lo que pasar el rato y divertirse.

Al no tratarse de signos fijos, ninguno de los dos busca una relación estable y duradera, ya que ambos están más bien identificados con el cambio y las múltiples experiencias. Pero si se complementan hasta el extremo de trabajar en causas comunes, la relación puede ser muy fructífera y duradera, ya que Aries tendrá en Géminis la fuerza intelectual que le falta para desarrollar sus actividades físicas; y Géminis podrá obtener de Aries la fuerza y el valor para desarrollar sus actividades intelectuales.

ARIES - CÁNCER

No suele ser una buena combinación, ya que el carácter pasivo, hipersensible, impresionable y hogareño de Cáncer choca con la impulsividad y la forma de ser activa e independiente de Aries.

Aries vive al día y no se compromete con nada, le gusta vivir independiente de los demás. Cáncer es más tradicional y apegado a las costumbres, al hogar, a la familia.

A Cáncer se le hiere fácilmente, y Aries es poco cuidadoso con las palabras y los hechos, por lo que podría hacerle daño de forma inconsciente.

En definitiva, es una relación difícil y, si otros temas armónicos de su horóscopo no confluyen, como un ascendente compatible con el de la pareja, etc., la relación será poco llevadera.

En esta relación la armonía y duración de la pareja solo sería posible si los dos se comprometen con algún ideal espiritual o intelectual, tomando conciencia de lo que necesita cada uno y poniendo el amor por encima de otros intereses. En este sentido, deberían hacer un esfuerzo de comprensión y entender el comportamiento de su pareja desde un punto de vista elevado, sin entrar a juzgar excesivamente su comportamiento y dándose cada uno el espacio que necesita.

ARIES - LEO

En principio, es una excelente combinación. Los dos son signos de Fuego. Aries admira a Leo y Leo admira a Aries. Los dos son apasionados, calurosos, ardientes, por lo que el grado de entrega del uno hacia el otro es satisfactorio y apasionante, los dos se fusionan de una manera perfecta.

Sin embargo, deben tener cuidado con la autoridad y no querer mandar el uno sobre el otro. O dicho de otra forma: no desplegar sobre el otro el carácter autoritario que tienen los dos, ya que ninguno de los dos lo aceptará de buen grado y pueden surgir conflictos. Lo importante es que cada uno entienda las necesidades del otro y se esfuercen en satisfacerlas de algún modo. Esto no será del todo difícil si hay suficiente amor entre los dos Así Leo debe respetar y apoyar las iniciativas de Aries; y Aries debe hacer que Leo se sienta importante en su ambiente social.

ARIES - VIRGO

El carácter de Virgo se complementa poco con el de Aries, ya que Aries es una persona de acción y le importan poco las menudencias, los detalles, las cosas pequeñas, que sí interesan a Virgo.

En la relación Virgo - Aries, puede haber algún que otro conflicto cuando el exceso de análisis, de planificación, de limpieza... de Virgo choque con el desorden y la falta de previsión de Aries. En lo económico, tampoco se pondrán de acuerdo, pues el uno (Virgo) es previsor y le gusta gastar solo lo necesario, mientras que el otro (Aries) no se maneja bien llevando la economía de la casa, pues gastará en lo que se le antoje sin pensar en las consecuencias de si se va a llegar a fin de mes o no.

Una relación armoniosa entre estos dos nativos puede darse cuando los dos tengan intereses intelectuales parecidos. Si Aries es del tipo evolucionado y cultiva la mente, hallará en Virgo al complemento ideal, ya que este le ayudará a desarrollar los proyectos de una forma más ordenada y perfeccionada de lo que lo haría por él mismo. Y Virgo puede encontrar en la pareja Aries a quien le impulsa y anima a poner sus ideas en práctica sin pensar tanto en las consecuencias ni en la idea negativa de querer perfeccionar al máximo toda obra antes de sacarla a la luz.

En el amor, pueden tener dificultades, pues sus objetivos son distintos. Aries es más permisivo y carente de complejos, mientras que Virgo es más conservador y suele pensarlo mucho antes de entregarse a la pareja.

Aries es más fogoso y Virgo más tímido y frío. Por lo cual, los dos deben hacer un esfuerzo por acercarse a la forma de ser de su pareja sin egoísmos, con todo el respeto y amor, y así podrán entenderse y complementarse mucho mejor.

ARIES - LIBRA

Aries es el primer signo de Fuego y Libra el primero de Aire. Son, por tanto, dos signos compatibles y que se complementan de manera perfecta.

Aries es el seductor nato; y Libra se siente halagado por las constantes solicitudes de Aries. Los dos son signos a los que le gusta empezar proyectos nuevos. Aries pone la primera semilla, la del entusiasmo, la fe, el trabajo duro, la confianza en el resultado final; y Libra le da el primer toque de belleza intelectual, el raciocinio, el equilibrio que necesita la obra.

En el amor, la atracción es mutua ya que, al ser polos opuestos en el Zodiaco, el uno le aporta al otro lo que le falta. Si por cualquier circunstancia llegan a discutir, la armonía casi siempre vendrá por el lado de Libra, ya que es un signo de paz y preferirá dar la razón a su pareja a entrar en conflicto con ella. Pero debe tener cuidado en cómo lo hace, ya que Aries puede darse cuenta y entonces se irritará más al creer que su pareja siempre le da la razón como a los locos.

ARIES - ESCORPIO

A los dos signos los rige Marte, el planeta de la acción y de la guerra. Agua y Fuego no son compatibles, así que los dos querrán dominar en la pareja. Uno (Aries) es extrovertido, apasionado, impulsivo. El otro (Escorpio) es también apasionado pero más introvertido. A Aries se le ve venir, es como un libro abierto en la pareja y en las relaciones amorosas. Escorpio tiene más secretos íntimos y es menos previsible

En el amor, Aries se muestra independiente, no le gustan los amarres, ni las constantes muestras de cariño, ni la exclusividad, ni los ataques de celos de su pareja. Escorpio, en cambio, suele ser envolvente, posesivo, celoso y exclusivista. Esto haría imposible una relación duradera, a menos que confluyan otros elementos en su horóscopo que la haga más llevadera.

Para llevarse bien, deben sacrificar cada uno parte del exceso de comportamiento negativo relativo a sus respectivos signos. Por ejemplo: Aries debe dejar un poco de lado su excesivo independentismo y Escorpio su excesiva posesividad.

ARIES - SAGITARIO

Fuego y Fuego son dos elementos compatibles. Por tanto, puede ser una excelente combinación. Los dos aman la acción, la aventura y el gusto por viajar.

Sagitario es optimista, alegre y confiado, le gustan los viajes y los deportes, cualidades que se complementan perfectamente con la forma de ser de Aries: activo, impulsivo, atlético y lleno de energía. De esta forma, tienen muchas cosas en común y a los dos les encanta disfrutar de la vida.

En el amor los dos son bastante independientes, fogosos y apasionados, por lo que se entienden y se complementan perfectamente.

Para que esta relación perdure, sin embargo, deben otorgarse, el uno al otro, plena libertad de acción sin coacciones ni imposiciones que los oprima, pues ninguno de los dos podría soportar semejante comportamiento por parte del otro.

ARIES - CAPRICORNIO

En principio, la influencia de Fuego y Tierra no son compatibles, por lo que puede ser causa de algunas dificultades a la hora de adaptarse el uno al otro.

La impulsividad, impaciencia y entusiasmo del signo de Aries, pueden verse de golpe frenados y contrariados por la prudencia, paciencia, y forma de ser calculadora y reservada de Capricornio.

Si a uno (Aries) le gusta hacer las cosas rápidas, al otro (Capricornio) le gusta ir más lentamente y calculando los riesgos. Por este motivo, nunca se pondrán de acuerdo a la hora de llevar a la práctica sus proyectos.

En el amor, el Aries tendrá que luchar contra el exceso de convencionalismo y respeto por las leyes sociales de Capricornio; y Capricornio no soportará la impulsividad y alocada forma de ver las cosas de Aries.

Para una relación estable, Aries debe ser capaz de apreciar y respetar las virtudes de Capricornio y tenerle como alguien con quien se puede contar en todo momento; y Capricornio debe descubrir y apreciar la forma de ser optimista y estimulante de Aries para hacerle la vida más alegre y divertida.

ARIES - ACUARIO

Una combinación muy buena, siempre y cuando los dos signos respetan su recíproca necesidad de independencia.

El amor, normalmente, en esta relación no suele ser muy apasionado, sino que se basa en la amistad, la franqueza y el respeto mutuo. Acuario no es muy amigo de las relaciones vulgares basadas únicamente en la atracción sexual (cosa que a Aries no suele importarle), sino que va más allá, busca una relación de amistad y confidencia.

Aries no se aburrirá con una pareja Acuario, pues esta le proporcionara toda clase de estímulos intelectuales por su originalidad y su capacidad para provocar situaciones fuera de lo normal. Sin embargo, debe tener cuidado con los celos, pues Acuario cultiva profundamente el sentido de la amistad, y esto, a veces, a Aries puede hacerle enfadar y sentirse desplazado. Por consiguiente, creerá ver infidelidad allí donde todo lo que hay es una buena amistad.

ARIES - PISCIS

Es esta una relación extraña, ya que, en principio, no suele ser compatible, pues tienen muy distintas formas de ser. Piscis es romántico, hipersensible, emocional, amoroso, impresionable, apegado, abnegado; mientras que Aries es enérgico, ambicioso, independiente, dinámico... Pero curiosamente, el espíritu abnegado y sumiso de Piscis se sentirá a gusto al lado de la forma de ser protectora y dominante de Aries.

Esta relación no es armoniosa, pero el sufrido Piscis será capaz de soportar todos los desmanes del dominante Aries y de renunciar a sus propias necesidades con tal de satisfacer a su pareja. Y Aries, como es natural, se sentirá a gusto ante tales muestras de amor.

Las relaciones afectivas entre los dos signos pueden llegar a ser muy románticas, pues el enamoradizo Piscis volcará toda su dulzura en el envolvente, acariciador y activo Aries.

A veces, el sentido práctico de Aries chocará con el misticismo y la espiritualidad de Piscis. Pero esto no ha de suponer una traba si se respetan mutuamente sus valores y creencias.

SALUD

Aries rige la cabeza: los hemisferios cerebrales (todos los órganos dentro de la cabeza) y los ojos. No así la nariz que queda bajo la regencia del signo de Escorpio. Así pues, las debilidades y malos aspectos de los planetas sobre este signo pueden llegar a producir las distintas dolencias que afectan a esta parte del cuerpo, como son:

Jaquecas.
Dolores de cabeza.
Insomnios.
Calvicies.
Afecciones cerebrales.
Dolor de muelas.
Afecciones visuales.
Encefalitis.
Fiebres.
Comas.
Golpes y heridas en la cabeza.
Etc.

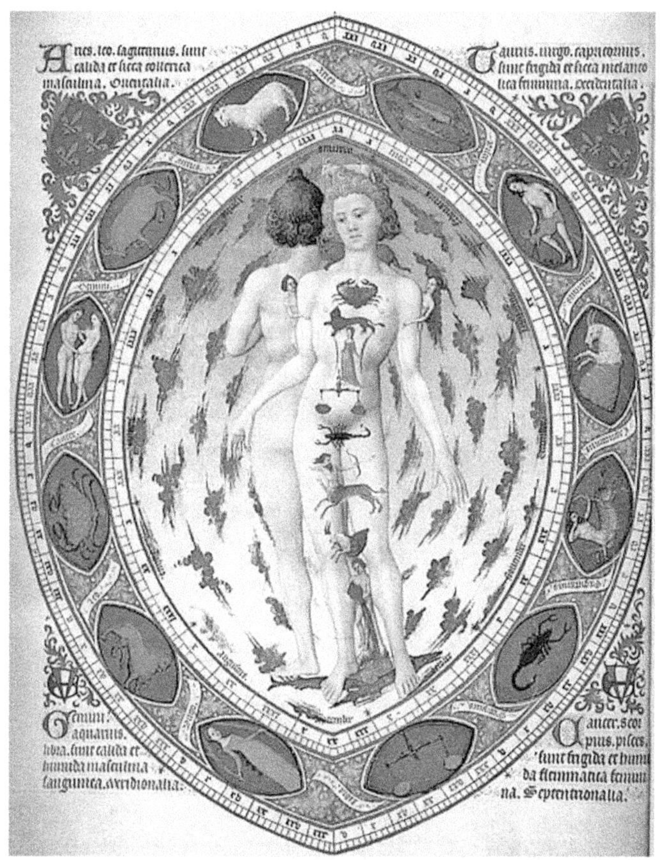

El hombre y el Zodiaco, de Paul Malouel, muestra las asociaciones de los Signos del Zodiaco con las distintas partes del cuerpo.

Por lo tanto, deberá tener especial cuidado con esta parte de su cuerpo y no someterla a excesos innecesarios como demasiada tensión o un exceso de trabajo.

En cuanto a los posibles accidentes sobre la cabeza, podría evitarlos si se conduce en lo posible de manera sosegada y evita la ira, la impulsividad, la impaciencia, la agresividad y la brusquedad en su interacción con su medioambiente.

TRABAJO

Aries se encontrará a gusto en todas aquellas profesiones independientes y que se necesite desplegar una gran fuerza de voluntad, ánimo, coraje, valentía, iniciativa y confianza en sí mismo; en todos aquellos trabajos que tienen como base los comienzos, los riesgos y las aventuras, y los relacionados con el hierro y el metal.

Por tanto, le irán bien las profesiones de deportista, militar, cirujano, explorador, montañero, trabajador del metal, bombero, médico, guía, director de empresa, jefe, policía...

Disfrutará especialmente con su trabajo cuando este tenga relación con los comienzos, como por ejemplo: abrir empresas nuevas, poner en práctica nuevos proyectos, evaluar y debatir iniciativas e ideas originales, etc.

Los nueve Coros Angélicos se mueven en torno a la esfera central, que representa a la Divinidad.
Ilustración de Gustavo Doré para la obra *La Divina Comedia* de Dante Alligeri.

ÁNGELES DE ARIES

La esfera del Zodiaco mide 360 grados de longitud, que se divide entre los doce signos del Zodiaco, dando como resultado un espacio de 30 grados de longitud a cada signo.

Dentro de estos 30 grados tienen su domicilio y radio de acción 6 ángeles conocidos en la Tradición como genios de la Cábala, a razón de 5 grados por ángel.

Con respecto al signo de Aries, los nombres de estos ángeles son los siguientes:

De 0 a 5 grados de Aries (del 21 al 25 de marzo) rige el ángel llamado Vehuiah,

De 5 a 10 grados de Aries (del 26 al 30 de marzo) rige el ángel llamado Jeliel.

De 10 a 15 grados de Aries (31 de marzo al 5 de abril) rige Sitael.

De 15 a 20 grados de Aries (5 al 10 de abril) rige el ángel llamado Elemiah.

De 20 a 25 grados de Aries (10 al 15 de abril) rige el ángel llamado Mahasiah.

De 25 a 30 grados de Aries (15 a 20 de abril) rige el ángel llamado Lelahel.

El nativo de Aries tendrá uno u otro ángel guardián dependiendo de la fecha en la que haya nacido dentro de este radio de acción, con él podrán comunicarse en cualquier momento para pedirle que les ayude en su acción cotidiana y cumplir así con el objetivo de su Yo Superior.

VEHUIAH, DEL 21 AL 25 DE MARZO

Las enseñanzas y virtudes que proporciona este ángel durante la vida del nativo son las siguientes:

Mucha energía y fuerza de voluntad para ejecutar y transformar cualquier cosa; espíritu sutil; sagacidad para descubrir los engaños y las trampas; apasionamiento por las ciencias y las artes; gusto por la aventura, la acción y el riesgo; iluminación divina; protección contra la turbulencia, el pronto y la cólera.

La esencia de su programa es:

VOLUNTAD. Y esta cualidad es la que más sobresaldrá durante toda la vida del individuo que haya nacido bajo su influencia.

Clave: *Energía y fuerza de voluntad para poder transformar cualquier cosa.*

JELIEL, DEL 26 AL 30 DE MARZO

Las enseñanzas y virtudes que proporciona este ángel durante la vida del nativo son las siguientes:

Obediencia a los reyes y a los gobernantes legítimos; paz entre esposos y fidelidad conyugal; fecundidad; espíritu jovial, agradable y galante; inspira amor y pasión entre los sexos; restablece la armonía entre los jefes y los empleados; protección contra los que nos atacan injustamente; calma en las sediciones populares.

La esencia de su programa es:

AMOR-SABIDURÍA. Y esta cualidad es la que más sobresaldrá durante toda la vida del individuo que haya nacido bajo su influencia.

Clave: *Amor y Sabiduría para restablecer el equilibrio entre las partes enfrentadas.*

SITAEL, 31 DE MARZO AL 5 DE ABRIL

Las enseñanzas y virtudes que proporciona este ángel durante la vida del nativo son las siguientes:

Empleos con responsabilidades ejecutivas; ayuda a ingenieros y arquitectos; superación de situaciones adversas; protección contra las armas y las fuerzas del mal; ayuda para ser fiel a la palabra dada y hacer frente a los compromisos; protección contra la hipocresía, la ingratitud y el perjurio.

La esencia de su programa es:

VOLUNTAD CONSTRUCTORA. Y esta cualidad es la que más sobresaldrá durante toda la vida del individuo que haya nacido bajo su influencia.

Clave: *Construir de acuerdo con el Orden Cósmico.*

ELEMIAH, DEL 5 AL 10 DE ABRIL

Las enseñanzas y virtudes que proporciona este ángel durante la vida del nativo son las siguientes:

Protección en los viajes y las expediciones marítimas; descubrimientos que pueden ser de gran utilidad; éxito y felicidad en la profesión; tranquilidad de espíritu; descubrimiento de traidores; protección contra la mala educación y la tentación de poner obstáculos en las empresas.

La esencia de su programa es:

PODER DIVINO. Y esta cualidad es la que más sobresaldrá durante toda la vida del individuo que haya nacido bajo su influencia.

Clave: *Construir en la Tierra el Mundo Divino y paz sentimental.*

MAHASIAH, DEL 10 AL 15 DE ABRIL

Las enseñanzas y virtudes que proporciona este ángel durante la vida del nativo son las siguientes:

Vivir en paz con todo el mundo; capacidad para aprender las Altas Ciencias, la Filosofía Oculta, la Teología y las Artes Liberales; aprendizaje fácil de cualquier cosa que se desee; buen carácter y belleza; protección contra el libertinaje y las malas cualidades de cuerpo y alma.

La esencia de su programa es:

CAPACIDAD PARA RECTIFICAR. Y esta cualidad es la que más sobresaldrá durante toda la vida del individuo que haya nacido bajo su influencia.

Clave: *Capacidad para rectificar cualquier error antes incluso de llegar a cometerse.*

LELAHEL, DEL 15 AL 20 DE ABRIL

Adquirir luz (entendimiento) y curar enfermedades; amor, fama y fortuna; adquirir conocimientos científicos y habilidad en el dominio de las artes; conseguir ser célebre por sus talentos y sus acciones; protección contra la ambición y la tentación de adquirir fortuna por medios ilícitos.

La esencia de su programa es:

LUZ (ENTENDIMIENTO). Y esta cualidad es la que más sobresaldrá durante toda la vida del individuo que haya nacido bajo su influencia.

Clave: *Entendimiento que permitirá comprender todas las cosas* [1].

---

[1] Para más información sobre el tema de los ángeles y la Astrología, véanse mis libros: *Ángeles protectores y Ángeles, las fuerzas ocultas del Universo,* publicados por esta editorial.

PERSONAS CÉLEBRES
NACIDAS EN ARIES

- Leonardo Da Vinci, 15-04-1452: pintor
- Johann Sebastian Bach, 21-03-1685: músico
- Hans C. Andersen, 02-04-1805: escritor
- Vincent van Gogh, 30-03-1853: pintor
- Charlie Chaplin, 16-04-1889: actor y director
- Adolf Hitler, 20-04-1889: militar y político
- Bette Davis, 05-04-1908: actriz
- Werner von Braun, 23-03-1912: físico
- Marlon Brando, 03-04-1924: actor
- Cayetana de Alba, 28-03-1926: duquesa de Alba

- Mario Vargas Llosa, 28-03-1936: escritor
- Diana Ross, 26-03-1944: cantante
- Eric Clapton, 30-03-1945: cantante
- Elton John, 25-03-1947: cantante
- Miguel Bosé, 06-04-1956: cantante
- Severiano Ballesteros 9-04-1957: jugador de golf
- Perico Delgado, 15-04-1960: tenista
- Eddie Murphy, 03-04-1961: actor
- Sarah Jessica Parker, 25-03-1965: actriz
- Mariah Carey, 27-03-1970: cantante
- Alejandro Amenábar, 31-03-1972: director de cine
- Carmen Electra, 20-04-1972: actriz y modelo
- Adrien Brody, 14-04-1973: actor
- Lady GaGa, 28-03-1986: cantautora

TALISMANES

Los amuletos o talismanes de Aries deben fabricarse con todos o parte de los elementos relacionados con el signo. En particular, con las gemas, los metales y los colores. Por ejemplo:

Las gemas de la suerte de Aries son el rubí, el diamante, la amatista, jaspe rojo. El metal es el hierro y el imán Así pues, se pueden fabricar amuletos con estos elementos y llevarlos encima, bien la piedra o metal a secas en un bolsillo o bien como colgante, llavero, etc.

El color de Aries es el rojo. Por tanto, todo lo que sea de color rojo también favorecerá al nativo, ya sea ropas o cosas que destaquen este color.

El día de la semana en el que tendrá especialmente suerte será el martes. En este día puede comenzar todo tipo de proyectos y acontecimientos en los que quiera tener un efecto favorable, siempre que no sea para perjudicar al prójimo, claro está.

Sus números de la suerte son el 9 y el 1 y todos sus múltiplos.

Hay que tener en cuenta que un amuleto por sí solo no sirve para nada si no le acompaña una actitud positiva y favorable del individuo y un deseo de avanzar en un camino altruista y benevolente hacia los demás. De esta forma, atraerá a su vida las energías favorables procedentes de las cntidades espirituales que operan en Aries.

OTROS TÍTULOS PUBLICADOS POR ESTA EDITORIAL

LA ESENCIA DE LOS DOCE SIGNOS DEL ZODIACO

Un libro esencial para conocernos a nosotros mismos mediante un estudio completo de cada signo del Zodiaco

ÁNGELES, LAS FUERZAS OCULTAS DEL UNIVERSO

Un estudio completo sobre la importancia de los ángeles en el Universo y en nuestra vida cotidiana, donde se dan a conocer sus nombres y sus funciones específicas.

EL MENSAJE OCULTO DE LOS ASTROS

Un manual completo de Astrología, tanto para el principiante como para el astrólogo avanzado. Extensa interpretación astrológica, y, además, se adentra en el tema de las Sinastrías, la Astrología médica y la Parte de la Fortuna, con muchos ejemplos interesantes.

CÓMO LEVANTAR UNA CARTA ASTRAL, Manual para principiantes.

Un manual para cualquier estudiante: sencillo, ameno y directo, donde se facilita al lector un guión para levantar cartas astrales e interpretarlas.

CÓMO INTERPRETAR UN HORÓSCOPO SIN AYUDA DE NADIE

Enseñanzas básicas para interpretar un horóscopo. Aprenda lo más necesario de su carta astral sin necesidad de hacer cursos interminables.

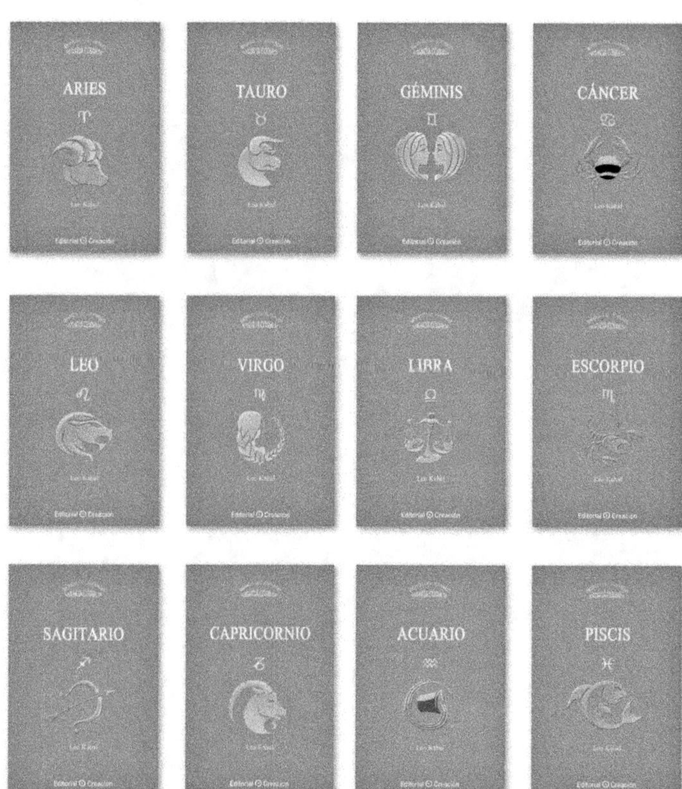

LOS 12 SIGNOS DEL ZODIACO
(ESENCIA CÓSMICA)

Una colección esencial, con un estudio
completo de cada signo: personaliddad, afinidades
e incompatibilidades en al amor, salud, trabajo, ángeles
y fuerzas de los astros, etc.

www.ingramcontent.com/pod-product-compliance
Lightning Source LLC
La Vergne TN
LVHW010702200726
843507LV00011B/1970